1 はじめに

1.1 連立一次方程式の連続化

連立一次方程式 $\sum_j a_{ij}x_j = b_i$ を考えよう。引数を連続変数化すると、和は積分となるため、積分方程式となる。

$$\int K(x,y)f(x)dx = g(x).$$

ここで、$K(x,y)$ と $g(x)$ は既知関数であり、$f(x)$ は未知関数である。積分範囲は問題に依存し、有界区間 $[a,b]$、$(a,b]$ など、無限区間 $(-\infty, \infty)$ などいずれもありうる。

このように、積分方程式は連立一次方程式の非可算無限次元への拡張となっている場合がある。対応関係は次のようになる。

- ベクトル $\to$ 1 変数関数
- 行列 $\to$ 2 変数関数
- $\sum$ $\to$ $\int$

ところが、積分方程式（無限次元）と連立一次方程式（有限次元）では本質的に異なる現象が存在する。例えば、$K(x,y)$ に対して「逆行列」に相当するものは考えられる（グリーン関数）が、一般には一意的に決まらない。また、「行列式」に相当するものは、一般には定義できない[*1]。

では、積分方程式の場合、固有値の個数はどうなるのだろうか？ n 元連立一次方程式の固有方程式は n 次代数方程式であることから、n 次正方行列の固有値は高々 n 個である。したがって、積分方程式の固有値は、非可算個（≒連続的に）出現するケースがあることが予想されるが、どのような具体例があるのだろうか？

1.2 積分変換と本書の目的

次のような線型変換 T を積分変換という。関数 $f : \mathbb{R} \to \mathbb{C}$ に対して、

[*1] wikipedia の記事「汎函数行列式」[1] によると「函数空間 V からそれ自身への線型写像を S とすると、行列式の無限次元への一般化が可能なことがしばしばある」とあるが、2015 年 7 月現在、多数の誤訳があるということなので、あまり信用しないほうがいいかもしれない。

定義 1（積分変換）

$$T[f](y) \stackrel{\mathrm{def}}{=} \int K(x,y)f(x)dx。$$

$K(x,y)$ は積分核 (Kernel)、もしくは単に核と呼ばれる、二変数関数である。積分は、以降、全てリーマン積分の意味とする。一般に積分範囲は有界区間でも無限区間でもよい。本書で現れる積分は常に無限区間 $(-\infty,\infty)$ であるため、積分範囲の表記は省略する。この記号を用いると、（連立一次方程式の拡張としての）積分方程式は次のように略記できる[*2]：$T[f](x) = g(x)$。また、固有値を λ、固有関数を $f(x)$ とおくと、固有値問題は次のように定式化できる[*3]：$T[f](x) = \lambda f(x)$。本書では、積分変換の例として、（分数階）フーリエ変換を考察する。

フーリエ変換はおそらく最も有名な積分変換であろう。次の積分変換 $\mathcal{F}$ を、関数 f のフーリエ変換という。

定義 2（フーリエ変換）

$$\mathcal{F}[f(x)](y) \stackrel{\mathrm{def}}{=} \frac{1}{\sqrt{2\pi}} \int e^{-ixy} f(x)dx。$$

$\frac{1}{\sqrt{2\pi}}$ を付けない流儀もあるが、付けたほうが表記が簡単になるため、本書ではこの定義を採用する。また、$i = \sqrt{-1}$ である。以下では、簡単のため、$f(\cdot)$ を f と書いたり、$\mathcal{F}[f(\cdot)](\cdot)$ を $F[f]$ と書くことがある。ただし、引数を省略すると分かりにくくなる場合には明記する。積分の線型性からすぐに分かるように、任意の関数[*4] f と g、任意の複素数 a、b に対し、$\mathcal{F}[af+bg] = a\mathcal{F}[f] + b\mathcal{F}(g)$ が成り立つことに注意しよう。この性質をフーリエ変換の線型性と呼ぶ。

[*2] 積分方程式論というと、古典的にはフレドホルム、ヴォルテラの分類やヒルベルトの研究が有名であるが、すでにネット上に多数の紹介サイトがあるため、本書はそういう方向へは行かない。積分変換に対する固有値問題は斉次第二種フレドホルム積分方程式に相当する。

[*3] 積分変換の固有値について調べる場合は、次のように定義することが一般的である [5]：$\lambda T[f](x) = f(x)$。しかし、本書では有限次元線型代数との類似性を意識したいため、本文のように定義する。

[*4] ただし、「任意」が意図するところの、全体集合が何になるのかは文脈に依存する。本書ではフーリエ変換可能な関数全体の正体については深入りしない。単に積分を実行できてその値が有限値であるという理解でよい。

さて、標準正規分布のフーリエ変換は標準正規分布となることが知られている。

$$g(y) \stackrel{\text{def}}{=} \mathcal{F}\left[\frac{1}{\sqrt{2\pi}}e^{-\frac{x^2}{2}}\right](y) = \frac{1}{2\pi}\int e^{-ixy-\frac{x^2}{2}}dx$$

とおくと、変形の途中で部分積分を行うことで

$$g'(y) = -\frac{i}{2\pi}\int xe^{-ixy-\frac{x^2}{2}}dx = \frac{i}{2\pi}\int (e^{-\frac{x^2}{2}})'e^{-ixy}dx$$
$$= -\frac{i}{2\pi}\int e^{-\frac{x^2}{2}}(-iy)e^{-ixy}dx = -y\,g(y) \tag{1}$$

となる。微分方程式 (1) を解けばよいのだが、その前に初期条件 $g(0)$ の値を求めておかねばならない。

$$\left(\int e^{-\frac{x^2}{2}}dx\right)^2 = \left(\int e^{-\frac{x^2}{2}}dx\right)\left(\int e^{-\frac{y^2}{2}}dy\right) = \iint e^{-\frac{x^2+y^2}{2}}dxdy$$

であるが、この二重積分の積分範囲は 2 次元平面全体となる。そこで、極座標変換 $x = r\cos\theta$, $y = r\sin\theta$ を行うと、$dxdy = rdrd\theta$ となることから、

$$\iint e^{-\frac{x^2+y^2}{2}}dxdy = \int_0^\infty dr \int_0^{2\pi} d\theta\, re^{-\frac{r^2}{2}} = 2\pi$$

となる。つまり、$\left(\int e^{-\frac{x^2}{2}}dx\right)^2 = 2\pi$ となるから、$\int e^{-\frac{x^2}{2}}dx = \sqrt{2\pi}$ を得る。したがって、$g(0) = \frac{1}{2\pi}\int e^{-\frac{x^2}{2}}dx = \frac{1}{\sqrt{2\pi}}$ となり、これと合わせて、式 (1) を解くことで $g(y) = \frac{1}{\sqrt{2\pi}}e^{-\frac{y^2}{2}}$、すなわち、

$$\mathcal{F}\left[\frac{1}{\sqrt{2\pi}}e^{-\frac{x^2}{2}}\right](y) = \frac{1}{\sqrt{2\pi}}e^{-\frac{y^2}{2}}$$

を得る。

フーリエ変換に対して不変な関数（もしくは一般化して固有関数）は、標準正規分布に限らず、無限に存在する。「フーリエ変換」「固有関数」でネット検索すれば分かるように、通常、フーリエ変換の固有関数はエルミート多項式 $H_n(x)(n = 0, 1, \ldots)$ を用いて $H_n(x)e^{-\frac{x^2}{2}}$、固有値は $(-i)^n$ と表現される [2]。しかし、これで全てであろうか？

本書第 2 節の目的はフーリエ変換の固有値と固有関数を全て求めることである。すなわち、$\mathcal{F}[f](x) = \lambda f(x)$ を満たす λ と $f(x)$ を全て求めることである。第 3 節では、求めた固有関数を用いて、関数空間の直和分解を行う。また、第 4 節では、フーリエ変換を一般化した分数階フーリエ変換の固有値と固有関数について考察する。

対象読者は大学1、2年程度以上、フーリエ変換を学んだことがなくとも一応読めるようには書いている（特に3章までは）つもりだが、知っていたほうが読みやすいと思われる。また、線形代数の基礎は既知とするが、大した知識は必要ではない。固有値と固有関数、内積、基底ベクトルなどの概念を知っていれば十分である。

2 フーリエ変換の固有値と固有関数

最初に、フーリエ逆変換を定義しておく。

定義 3（フーリエ逆変換）

$$\mathcal{F}^{-1}[f](y) \stackrel{\text{def}}{=} \frac{1}{\sqrt{2\pi}} \int e^{ixy} f(x) dx \text{。}$$

「逆」変換の名前は、$\mathcal{F}[f(x)](y) = g(y) \Leftrightarrow \mathcal{F}^{-1}[g(y)](x) = f(x)$ に由来するが、この証明は複素積分の知識が必要であるため、証明しているサイトの紹介に留める [3]。

次に、δ 関数を定義する。

定義 4（δ 関数）　任意の関数 $f(x)$ に対し、$\int f(x)\delta(x)dx = f(0)$ を満たすような関数 $\delta(x)$ を δ 関数という。

この定義から、$f(x) = 1$ とおくことで、直ちに、$\int \delta(x)dx = 1$ を得る。また、任意の $f(x)$ に対して、この積分が $f(0)$ になるということから、$x \neq 0$ で $\delta(x) = 0$ となっていなければならず、数学的には不正確な書き方ではあるが、$\delta(0) = \infty$ でなければならない。δ 関数のような関数を超関数と呼ぶ[*5]。

δ 関数は、定数のフーリエ変換によって定義することも可能である [4]。

定理 1（δ 関数のフーリエ積分表示）

$$\delta(x) = \frac{1}{2\pi} \int e^{-ixy} dy \text{。}$$

[*5] 実は、多項式のような通常の関数も超関数である。つまり、超関数は通常の関数と相反するものではなく、関数概念を拡張したものである。超関数の正式な定義は、例えば、wikipedia の記事「シュワルツ超函数」を参照されたい。

証明　任意の関数 $f(x)$ をフーリエ変換し、続けて逆フーリエ変換すると、元の関数に戻ることから、

$$\mathcal{F}^{-1}\left[\mathcal{F}[f(x)](y)\right](z) = \frac{1}{2\pi}\int dy \int dx\, e^{-ixy+iyz}f(x)$$
$$= \int dx f(x) \left(\frac{1}{2\pi}\int dy\, e^{-iy(x-z)}\right)$$
$$= f(z)$$

が成り立つ。定義 4 で、$f(x) = g(x+a)$ とおくと、$\int g(x+a)\delta(x)dx = \int g(x)\delta(x-a)dx = g(a)$ となるから、上の式と見比べて、

$$\frac{1}{2\pi}\int dy\, e^{-iy(x-z)} = \delta(x-z)$$

でなければならない。したがって、$\delta(x) = \frac{1}{2\pi}\int e^{-ixy}dy$ を得る。∎

フーリエ変換の固有値と固有関数を求める上で、次の定理が基礎となる。

定理 2　$\mathcal{F}[\mathcal{F}[f]](x) = f(-x)$

証明

$$\mathcal{F}\left[\mathcal{F}[f(x)](y)\right](z) = \frac{1}{2\pi}\int e^{-iyz}dy \int e^{-ixy}f(x)dx = \frac{1}{2\pi}\int f(x)dx \int dy e^{-ixy-iyz}$$
$$= \int dx\, f(x)\delta(x+z) = f(-z)。$$

∎

以下では、関数 f の n 回連続フーリエ変換を $\mathcal{F}^n[f]$ のように書くことがある。例えば、定理 2 は $\mathcal{F}^2[f](x) = f(-x)$ と簡潔に書ける。

系 1　$\mathcal{F}^4[f] = f$。

証明　任意の関数 f に対し、定理 2 を二回適用すれば直ちに得られる。∎

系 2　任意の偶関数 f_e に対し、$g = f_e + \mathcal{F}[f_e]$ はフーリエ変換に対して不変。

証明　任意の関数 $f(x)$ に対し、定理 2 とフーリエ変換の線型性より、

$$g(x) = f(x) + \mathcal{F}[f](x) + \mathcal{F}^2[f](x) + \mathcal{F}^3[f](x)$$
$$= f(x) + \mathcal{F}[f](x) + f(-x) + \mathcal{F}[f(-y)](x)$$
$$= f_e(x) + \mathcal{F}[f_e](x)。$$

ここで、$f(x)$ と $f(-x)$ の和を $f_e(x)$ と置いている。一方、系 1 とフーリエ変換の線型性から、

$$\mathcal{F}[g] = \mathcal{F}[f + \mathcal{F}[f] + \mathcal{F}^2[f] + \mathcal{F}^3[f]] = \mathcal{F}[f] + \mathcal{F}^2[f] + \mathcal{F}^3[f] + f = g。$$

したがって、$g(x)$ はフーリエ変換に対して不変。 ∎

こうして、偶関数を与えれば、フーリエ変換に対して不変な関数をいくらでも生成することができるようになった。以下では、不変な関数の例をいくつか挙げる。

例 1 $f_e(x) = 1$ とおくと、$\mathcal{F}[f_e](x) = \sqrt{2\pi}\delta(x)$ であるから、$1 + \sqrt{2\pi}\delta(x)$ はフーリエ変換に対して不変。

例 2 a を正の実数として、$f_e(x) = e^{-ax^2}$ とおくと、$\mathcal{F}[f_e](x) = \dfrac{1}{\sqrt{2a}} e^{-\frac{x^2}{4a}}$ であるから、$e^{-ax^2} + \dfrac{1}{\sqrt{2a}} e^{-\frac{x^2}{4a}}$ はフーリエ変換に対して不変。

例 3 a を実数として、$f_e(x) = \cos(ax^2)$ とおくと、$\mathcal{F}[f_e](x) = \dfrac{1}{\sqrt{2a}} \cos\left(\dfrac{x^2}{4a} - \dfrac{\pi}{4}\right)$ であるから、$\cos(ax^2) + \dfrac{1}{\sqrt{2a}} \cos\left(\dfrac{x^2}{4a} - \dfrac{\pi}{4}\right)$ はフーリエ変換に対して不変[*6]。特に、$a = 1/2$ とおいて計算すると、$\sqrt{2 + \sqrt{2}} \cos\left(\dfrac{x^2}{2} - \dfrac{\pi}{8}\right)$ を得る。したがって、フーリエ変換の線型性から、$\cos\left(\dfrac{x^2}{2} - \dfrac{\pi}{8}\right)$ もフーリエ変換に対して不変である。この例は、系 2 を用いて作られた関数で、2 つの関数の和で明示的に書かなくてすむ例ともなっている。ただ、そのことに数学的な意味があるわけではない。

次の定理は、フーリエ変換の固有値は有限個しかないことを主張している。

定理 3(フーリエ変換の全固有値) フーリエ変換の固有値は $\pm 1, \pm i$ であって、これに限る。

証明 λ を固有値、$f(x)$ を固有関数とすると、$\mathcal{F}[f](x) = \lambda f(x)$ と系 1 より、$\mathcal{F}^4[f](x) = \lambda^4 f(x) = f(x)$。したがって、固有値 λ の候補は $\pm 1, \pm i$ しかない。系 2 により、$\lambda = 1$

[*6] この例は wikipedia「フーリエ変換」の記事を参考にした $\cos(ax^2)$ の変換は、変換前後の関数は通常の関数であるにも関わらず、超関数を利用しないとフーリエ変換を求められない例となっている。

に対応する固有関数が存在することはすでに示されているため、他の固有値に対応する固有関数が存在することを示す。

まず、$\lambda = -1$ に対して、任意の偶関数を $f_e(x)$ とおくと、
$$\mathcal{F}[f_e - \mathcal{F}[f_e]] = \mathcal{F}[f_e] - \mathcal{F}^2[f_e] = \mathcal{F}[f_e] - f_e = -(f_e - \mathcal{F}[f_e])。$$

したがって、$f_e(x) - \mathcal{F}[f_e]$ が恒等的には 0 とならないような f_e（例えば、$f_e = 1$）に対し、$f_e(x) - \mathcal{F}[f_e]$ は固有関数となる。

$\lambda = \pm i$ に対しても同様に、任意の奇関数を $f_o(x)$ とおくと、ある関数 $f(x)$ を用いて $f_o(x) = f(x) - f(-x)$ と書けるから、$\pm i f_o(x) + \mathcal{F}[f_o]$ が恒等的には 0 とならないような f_o に対し、$\pm i f_o(x) + \mathcal{F}[f_o]$（複号同順）は固有関数となる。

このように、各固有値候補に対して固有関数が存在するため、$\lambda = \pm 1, \pm i$ は実際に固有値となる。∎

フーリエ変換に対する固有関数は全て定理 3 で出現した固有関数の形で表現できることは、以下の定理により保証される。

定理 4（フーリエ変換の全固有関数）　フーリエ変換の固有値 λ に対応する任意の固有関数 g_λ に対して、次を満たす、ある偶（奇）関数 $f_e(x)$ $(f_o(x))$ が存在する。

(a)　$g_{\pm 1} = f_e(x) \pm \mathcal{F}[f_e](x)$（複号同順、以下、同様）。

(b)　$g_{\pm i} = \pm i f_o(x) + \mathcal{F}[f_o](x)$（複号同順、以下、同様）。

証明　各 g_λ が固有関数であることは定理 3 の証明で示されているので、逆を示そう。

(a) $\lambda = \pm 1$ のときは、$\mathcal{F}[g] = \pm g \Rightarrow$ ある偶関数 f_e があって、$g = f_e \pm \mathcal{F}[f_e]$ と表現できることを示せばよい。$\mathcal{F}[g] = \pm g$ より、$\mathcal{F}[\mathcal{F}[g]] = \pm \mathcal{F}[g] = g(-x) = g(x)$。したがって、$g$ は偶関数である。ゆえに、$f_e(x) = g/2$ とおけばよい。実際、$f_e \pm \mathcal{F}[f_e] = g/2 \pm \mathcal{F}[g/2] = g/2 + g/2 = g$。つまり、$\mathcal{F}[g] = \pm g$ の解は必ず $g = f_e \pm \mathcal{F}[f_e]$ の形で表現できる。

(b) $\lambda = \pm i$ のときは、$\mathcal{F}[g] = \pm ig \Rightarrow$ ある奇関数 f_o があって、$g = \pm i f_o + \mathcal{F}[f_o]$ と表現できることを示せばよい。$\mathcal{F}[g] = \pm ig$ より、$\mathcal{F}^2[g] = \pm i \mathcal{F}[g] = g(-x) = -g(x)$。したがって、$g$ は奇関数である。ゆえに、$f_o(x) = g/2$ とおけばよい。実際、$\pm i f_o + \mathcal{F}[f_o] = \pm ig/2 + \mathcal{F}[g/2] = \pm ig/2 \pm ig/2 = \pm ig$。つまり、$\mathcal{F}[g] = \pm ig$ の解は必ず $g = \pm i f_o + \mathcal{F}[f_o]$ の形で表現できる。∎

こうして、フーリエ変換の全固有関数は求まったが、$H_n(x)e^{-\frac{x^2}{2}}$（$H_n(x)$ はエルミート多項式）の線型和を用いて書けないタイプの解が存在するのかどうかは不明である。しかし、wikipedia「フーリエ変換」によると、「エルミート函数系は $L^2(\mathbb{R})$ 上のフーリエ変換の固有函数からなる完全正規直交系を成す (Pinsky 2002)。」ということなので、$L^2(\mathbb{R})$ 内には存在しないはずである。

3 関数空間の直和分解

前節では、フーリエ変換の固有関数を全て求めた。そこで、本書の趣旨からは脱線するが、任意の関数を固有関数の線型和で表現できること、すなわち、関数空間の直和分解について述べる。まず、関数同士の内積について定義しておこう。

定義 5（関数同士の内積と直交、関数のノルム）　関数 f、$g : \mathbb{R} \to \mathbb{C}$ に対し、次の式で定義される量 $\langle f, g \rangle$ を f と g の内積という。

$$\langle f, g \rangle \overset{\text{def}}{=} \int f(x)\overline{g(x)}dx。$$

ここで、$\overline{g(x)}$ は g の複素共役である。内積が 0、すなわち、$\langle f, g \rangle = 0$ となるとき、関数 f と g は直交するという。また、$f = g$ のとき、$\langle f, f \rangle = \|f\|^2$ と書いて、これを f のノルム（正確には $L^2(\mathbb{C})$ ノルム）という。

一般には $\langle f, g \rangle \neq \langle g, f \rangle$ であるが、しかし、$\langle f, g \rangle = \overline{\langle g, f \rangle}$ であり、特に $\langle f, g \rangle \in \mathbb{R}$ であれば、$\langle f, g \rangle = \langle g, f \rangle$ である。この量が内積と呼ばれる理由は、f も g も実数値の無限次元ベクトルだと思えば、積分を離散和（有限和）に直して考えると納得できるだろう。

内積の定義から、任意の関数 f、g、h、任意の複素数 a、b に対して、

$$\begin{aligned} \langle af + bg, h \rangle &= a\langle f, h \rangle + b\langle g, h \rangle \\ \langle f, ag + bh \rangle &= \bar{a}\langle f, g \rangle + \bar{b}\langle f, h \rangle \end{aligned} \tag{2}$$

が成り立つ。また、f が連続関数であれば

定理 5　$\|f\|^2 = 0 \Rightarrow f = 0$

である。連続でない関数を含む場合もほぼ同じ定理が成り立つ。しかし、厳密な記述や定理の証明にはリーマン積分やルベーグ積分の知識が必要なため、本書では扱わない。本節で任意の関数と言った場合には自乗可積分な連続関数を指すものとする。

さて、これから固有関数の直交性を示したいのだが、その前に次の補題を証明しておく。

補題 1

(a) 偶関数と奇関数の内積は 0 である。

(b) 偶（奇）関数のフーリエ変換は偶（奇）関数である。

(c) 任意の偶関数 $f_e^{(1)}$、$f_e^{(2)}$ に対して、$\langle f_e^{(1)}, \mathcal{F}[f_e^{(2)}] \rangle = \langle \mathcal{F}[f_e^{(1)}], f_e^{(2)} \rangle$。

(d) 任意の奇関数 $f_o^{(1)}$、$f_o^{(2)}$ に対して、$\langle f_o^{(1)}, \mathcal{F}[f_o^{(2)}] \rangle = -\langle \mathcal{F}[f_o^{(1)}], f_o^{(2)} \rangle$。

証明 **(a)** 任意の奇関数 $f_o(x)$、任意の偶関数 $f_e(x)$ に対して、

$$\langle f_o, f_e \rangle = \int f_o(x)\overline{f_e(x)}dx = \int f_o(-x)\overline{f_e(-x)}dx = -\int f_o(x)\overline{f_e(x)}dx = -\langle f_o, f_e \rangle.$$

したがって、$\langle f_o, f_e \rangle = 0$、すなわち、偶関数と奇関数の内積は 0 である。

(b)

$$\mathcal{F}[f_e](-x) = \frac{1}{\sqrt{2\pi}} \int f_e(y)e^{ixy}dy = \frac{1}{\sqrt{2\pi}} \int f_e(-y)e^{-ixy}dy = \frac{1}{\sqrt{2\pi}} \int f_e(y)e^{-ixy}dy$$
$$= \mathcal{F}[f_e](x).$$

したがって、$\mathcal{F}[f_e]$ は偶関数である。

同様に、

$$\mathcal{F}[f_o](-x) = \frac{1}{\sqrt{2\pi}} \int f_o(y)e^{ixy}dy = \frac{1}{\sqrt{2\pi}} \int f_o(-y)e^{-ixy}dy$$
$$= -\frac{1}{\sqrt{2\pi}} \int f_o(y)e^{-ixy}dy = -\mathcal{F}[f_o](x).$$

したがって、$\mathcal{F}[f_o]$ は奇関数である。

(c)

$$\langle f_e^{(1)}, \mathcal{F}[f_e^{(2)}] \rangle = \int f_e^{(1)}(x)\overline{\frac{1}{\sqrt{2\pi}} \int e^{-ixy}f_e^{(2)}(y)dy}dx$$
$$= \frac{1}{\sqrt{2\pi}} \iint dxdy f_e^{(1)}(x)e^{ixy}\overline{f_e^{(2)}(y)}$$
$$= \frac{1}{\sqrt{2\pi}} \iint dxdy f_e^{(1)}(-x)e^{-ixy}\overline{f_e^{(2)}(y)}$$
$$= \frac{1}{\sqrt{2\pi}} \iint dxdy f_e^{(1)}(x)e^{-ixy}\overline{f_e^{(2)}(y)}$$
$$= \langle \mathcal{F}[f_e^{(1)}], f_e^{(2)} \rangle.$$

(d)

$$
\begin{aligned}
\langle f_o^{(1)}, \mathcal{F}[f_o^{(2)}]\rangle &= \int f_o^{(1)}(x)\overline{\frac{1}{\sqrt{2\pi}}\int e^{-ixy}f_o^{(2)}(y)dy}dx \\
&= \frac{1}{\sqrt{2\pi}}\iint dxdy f_o^{(1)}(x)e^{ixy}\overline{f_o^{(2)}(y)} \\
&= \frac{1}{\sqrt{2\pi}}\iint dxdy f_o^{(1)}(-x)e^{-ixy}\overline{f_o^{(2)}(y)} \\
&= -\frac{1}{\sqrt{2\pi}}\iint dxdy f_o^{(1)}(x)e^{-ixy}\overline{f_o^{(2)}(y)} \\
&= -\langle \mathcal{F}[f_o^{(1)}], f_o^{(2)}\rangle.
\end{aligned}
$$

∎

定理 6（固有関数の直交性） $\lambda_1 \neq \lambda_2 (\lambda_1, \lambda_2 = \pm 1, \pm i)$ のとき、$\langle g_{\lambda_1}, g_{\lambda_2}\rangle = 0$。

証明 全ての組み合わせに対して証明することは煩雑であるため、以下の **(a)(b)(c)** の場合を示そう。

(a) $\langle g_1, g_{-1}\rangle = 0$。

内積に関する等式 (2) と補題 1**(c)**、定理 2 を用いて、

$$
\begin{aligned}
\langle g_1, g_{-1}\rangle &= \langle f_e^{(1)} + \mathcal{F}[f_e^{(1)}], f_e^{(2)} - \mathcal{F}[f_e^{(2)}]\rangle \\
&= \langle f_e^{(1)}, f_e^{(2)}\rangle - \langle f_e^{(1)}, \mathcal{F}[f_e^{(2)}]\rangle + \langle \mathcal{F}[f_e^{(1)}], f_e^{(2)}\rangle - \langle \mathcal{F}[f_e^{(1)}], \mathcal{F}[f_e^{(2)}]\rangle \\
&= \langle f_e^{(1)}, f_e^{(2)}\rangle - \langle f_e^{(1)}, \mathcal{F}^2[f_e^{(2)}]\rangle = \langle f_e^{(1)}, f_e^{(2)}\rangle - \langle f_e^{(1)}, f_e^{(2)}(-x)\rangle = 0。
\end{aligned}
$$

(b) $\langle g_1, g_i\rangle = 0$。

内積に関する等式 (2) と補題 1**(a)(b)** を用いて、

$$
\begin{aligned}
\langle g_1, g_i\rangle &= \langle f_e^{(1)} + \mathcal{F}[f_e^{(1)}], if_o^{(2)} + \mathcal{F}[f_o^{(2)}]\rangle \\
&= -i\langle f_e^{(1)}, f_o^{(2)}\rangle + \langle f_e^{(1)}, \mathcal{F}[f_o^{(2)}]\rangle - i\langle \mathcal{F}[f_e^{(1)}], f_o^{(2)}\rangle + \langle \mathcal{F}[f_e^{(1)}], \mathcal{F}[f_o^{(2)}]\rangle \\
&= 0。
\end{aligned}
$$

(c) $\langle g_i, g_{-i}\rangle = 0$。

内積に関する等式 (2) と補題 1**(d)**、定理 2 を用いて、

$$
\begin{aligned}
\langle g_i, g_{-i}\rangle &= \langle if_o^{(1)} + \mathcal{F}[f_o^{(1)}], -if_o^{(2)} + \mathcal{F}[f_o^{(2)}]\rangle \\
&= -\langle f_o^{(1)}, f_o^{(2)}\rangle + i\langle f_o^{(1)}, \mathcal{F}[f_o^{(2)}]\rangle + i\langle \mathcal{F}[f_o^{(1)}], f_o^{(2)}\rangle + \langle \mathcal{F}[f_o^{(1)}], \mathcal{F}[f_o^{(2)}]\rangle \\
&= -\langle f_o^{(1)}, f_o^{(2)}\rangle - \langle f_o^{(1)}, \mathcal{F}^2[f_o^{(2)}]]\rangle = -\langle f_o^{(1)}, f_o^{(2)}\rangle - \langle f_o^{(1)}, f_o^{(2)}(-x)\rangle \\
&= -\langle f_o^{(1)}, f_o^{(2)}\rangle + \langle f_o^{(1)}, f_o^{(2)}(x)\rangle = 0。
\end{aligned}
$$

他の場合も同様に証明可能である。以上から、異なる固有値に属する固有関数は直交する。　∎

定理 7（関数空間の直和分解）　任意の関数 f は、定理 4 の、恒等的には 0 でない固有関数を用いて一意に展開できる。

証明　展開の存在性と一意性に分けて証明する。

(展開の存在性) 任意の関数 f はある偶関数 $f_e(x)$ とある奇関数 $f_o(x)$ の和で書けることから、

$$f = f_e + f_o = \frac{1}{2}\{f_e + \mathcal{F}[f_e] + f_e - \mathcal{F}[f_e] - i\{if_o + \mathcal{F}[f_o]\} + i\{-if_o + \mathcal{F}[f_o]\}\}$$
$$= \frac{1}{2}\{g_1 + g_{-1} - ig_i + ig_{-i}\}。$$

したがって、任意の関数を $g_\lambda (\lambda = \pm 1, \pm i)$ を用いて展開できる。

(展開の一意性) $\alpha_n, \beta_n \in \mathbb{C}$ $(n = \pm 1, \pm i)$ を用いて、ある関数 f が

$$f = \alpha_1 g_1 + \alpha_{-1} g_{-1} + \alpha_i g_i + \alpha_{-i} g_{-i} = \beta_1 g_1 + \beta_{-1} g_{-1} + \beta_i g_i + \beta_{-i} g_{-i}$$

のように二通りに展開できたとする。g_1 との内積をとると、直交性から $\alpha_1 \langle g_1, g_1 \rangle = \beta_1 \langle g_1, g_1 \rangle$ が成り立つ。ここで、g_1 は恒等的には 0 でないことを仮定しているため、定理 5 から $\langle g_1, g_1 \rangle = \|g_1\|^2 \neq 0$ となり、$\alpha_1 = \beta_1$ を得る。他の係数についても同様であるから、任意の関数 f の展開は一意的である。　∎

定理 7 は、固有値 λ ($= \pm 1, \pm i$) に属する固有関数全体 G_λ を用いると、自乗可積分な連続関数全体からなる空間は $G_1 \oplus G_{-1} \oplus G_i \oplus G_{-i}$ のように直和分割できるということを主張している。

4　分数階フーリエ変換の固有値と固有関数

2 節で、フーリエ変換の固有値と固有関数を全て求めることができたが、本質的に重要な定理は定理 2 と系 1 である。特に、系 1 では、任意の関数に対し、4 回フーリエ変換を行うと元の関数に戻ることを示した。そこで、一般に n 回変換を行うと元に戻るような変換が存在するなら、同様の方法で固有値と固有関数を全て求めることができるはずである。

分数階フーリエ変換[*7] とは、まさにそのような変換である [7]。

定義 6（分数階フーリエ変換）

$$\mathcal{F}_\alpha[f(x)](y) \stackrel{\text{def}}{=} \sqrt{\frac{1-i\cot(\alpha)}{2\pi}} \int \exp\left[i\frac{\cot\alpha}{2}\left(y^2 - \frac{2xy}{\cos(\alpha)} + x^2\right)\right] f(x)dx。$$

ここで、平方根は、偏角が $(-\pi/2,\ \pi/2]$ となるようにとる。α は任意の実数であり、$\alpha = \pi/2$ のときは通常のフーリエ変換に一致する。また、$\mathcal{F}_0 = \mathcal{F}_{2\pi} = \text{id}$ が成り立つ。

分数階フーリエ変換は加法性 $\mathcal{F}_{\alpha+\beta} = \mathcal{F}_\alpha \circ \mathcal{F}_\beta$ を持っているため、以下の議論では、定義 6 の具体的な表式は用いずにすむ。加法性と $\mathcal{F}_{2\pi} = \text{id}$ から、任意の関数を $\mathcal{F}_{\frac{2\pi}{n}}$ で n 回変換すると恒等写像 id となる。これを以下では簡単に $\mathcal{F}_{\frac{2\pi}{n}}^n = \text{id}$ と書く。また、パーセバルの等式の類似 $\langle f, g \rangle = \langle \mathcal{F}_\alpha[f], \mathcal{F}_\alpha[g] \rangle$ が成り立つ。

このように、分数階フーリエ変換は、フーリエ変換の一般化として望ましい性質を持っている。加法性の証明は、紙数の関係上、省略する。

以下では、分数階フーリエ変換の固有値と固有関数を求める。$\frac{\alpha}{2\pi}$ が有理数のときと無理数の時では状況が異なるため、節を分けて説明する。

4.1 有理数階フーリエ変換の固有値と固有関数

有理数階の場合の証明の流れは定理 3、4 とほぼ同様であるが、関数の偶奇を考慮する必要がないため、より簡潔な記述となる。

定理 8（有理数階フーリエ変換の全固有値と全固有関数） n を正の整数とする。m を、n と互いに素な整数として、$\alpha = 2\pi m/n$ とおく。また、1 の n 乗根のうち、偏角が正で最小のものを ξ とおく。このとき、有理数階フーリエ変換 $\mathcal{F}_\alpha$ の固有値は ξ^k $(k = 0, \cdots, n-1)$ であって、これに限る。また、固有値 ξ^k に対応する固有関数を g_k とおくと、ある関数 f があって、固有関数は全て以下の形で表現できる。

$$g_k = \sum_{l=0}^{n-1} \xi^{-kl} \mathcal{F}_\alpha^l[f]。 \tag{3}$$

[*7] 厳密には、実数階フーリエ変換と呼ぶべきだが、慣習に従って分数階フーリエ変換と呼ぶ。

証明 λ を固有値、$f(x)$ を固有関数とすると、$\mathcal{F}_\alpha[f](x) = \lambda f(x)$ と分数階フーリエ変換の性質から、$\mathcal{F}_\alpha^n[f](x) = \lambda^n f(x) = f(x)$。したがって、固有値 λ の候補は ξ^k ($k = 0, \cdots, n-1$) である。

ここで、

$$\mathcal{F}_\alpha[g_k] = \mathcal{F}_\alpha \left[\sum_{l=0}^{n-1} \xi^{-kl} \mathcal{F}_\alpha^l[f] \right] = \sum_{l=0}^{n-1} \xi^{-kl} \mathcal{F}_\alpha \left[\mathcal{F}_\alpha^l[f] \right] = \sum_{l=0}^{n-1} \xi^{-kl} \mathcal{F}_{\alpha l + \alpha}[f]$$
$$= \sum_{l=1}^{n} \xi^{-k(l-1)} \mathcal{F}_{\alpha l}[f] = \xi^k \sum_{l=1}^{n} \xi^{-kl} \mathcal{F}_{\alpha l}[f] = \xi^k g_k。$$

したがって、ξ^k ($k = 0, \cdots, n-1$) は確かに固有値となり、その固有関数は g_k である。

逆に、固有関数は必ず g_k の形で表現できることを示す。すなわち、$\mathcal{F}_\alpha[g] = \xi^k g \Rightarrow \exists f\ s.t.\ g = \sum_{l=0}^{n-1} \xi^{-kl} \mathcal{F}_\alpha^l[f]$ を示す。$f = g/n$ とおくと、

$$\sum_{l=0}^{n-1} \xi^{-kl} \mathcal{F}_\alpha^l[f] = \sum_{l=0}^{n-1} \xi^{-kl} \mathcal{F}_\alpha^l \left[\frac{g}{n} \right] = \sum_{l=0}^{n-1} \xi^{-kl} \frac{\xi^{kl} g}{n} = g。$$

以上より、条件を満たす f は存在し、分数階フーリエ変換の固有関数は必ず g_k の形をしている。 ∎

実はこの証明には不備がある。g_k が固有関数であると主張するからには、恒等的に 0 ではない関数を含んでいることを示さなければならない。例えば、$n = 4$, $m = 2$ のときは $g_1 = 0$ となってしまい、固有関数とはならない。この状況を防ぐために、「n と m は互いに素」という条件を入れている。おそらく結論には影響しないと考えているが、興味がある読者は厳密に考察してみると面白いかもしれない（… と丸投げしておく）。

4.2 無理数階フーリエ変換の固有値と固有関数

有理数階フーリエ変換では $\mathcal{F}_{\frac{n}{2\pi}}^n = \text{id}$ という性質があるから、前節で（一応）示したように固有関数は有限和で書ける。しかし、無理数階フーリエ変換では変換を繰り返しても一般には元に戻らず、有限和で書くことは不可能である。

そこで、式 (3) の Σ を $\int$ に置き換えることで固有関数を作れないだろうか？と考える。分数階フーリエ変換の加法性から $\mathcal{F}_\alpha^l[f] = \mathcal{F}_{\alpha l}[f]$ が成り立ち、また、ワイルの均等分布定理「無理数の整数倍の小数部は 0 から 1 の間に一様分布する」[8] ことから、うまくいきそうである。

定理 9（無理数階フーリエ変換の全固有値と固有関数）　$\theta \in \mathbb{R}$、$\frac{\alpha}{2\pi} \in \mathbb{R} - \mathbb{Q}$ とすると、分数階フーリエ変換 $\mathcal{F}_\alpha$ の固有値は $e^{i\theta}$ であって、これに限る。また、ある自乗可積分な関数 f があって、

$$g_\theta = \int e^{-\frac{i\theta\beta}{\alpha}} \mathcal{F}_\beta[f] d\beta \tag{4}$$

は固有値 $e^{i\theta}$ に対応する固有関数である。

証明　λ を固有値、$f(x)$ を固有関数とする。分数階フーリエ変換についてもパーセバルの等式の類似が成り立つことから、$\|f\|^2 = \|\mathcal{F}_\alpha\|^2$ となる。一方、$\mathcal{F}_\alpha[f](x) = \lambda f(x)$ の両辺のノルムの 2 乗をとると、$\|\mathcal{F}_\alpha[f](x)\|^2 = \|\lambda\|^2 \|f\|^2$ となるから、$\|\lambda\|^2 = 1$ でなければならない。したがって、固有値 λ の候補は $e^{i\theta}$ の形をしていなければならない。

ここで、

$$\mathcal{F}_\alpha[g_\theta] = \mathcal{F}_\alpha\left[\int e^{-\frac{i\theta\beta}{\alpha}} \mathcal{F}_\beta[f] d\beta\right] = \int e^{-\frac{i\theta\beta}{\alpha}} \mathcal{F}_{\alpha+\beta}[f] d\beta = \int e^{-\frac{i\theta(\beta-\alpha)}{\alpha}} \mathcal{F}_\beta[f] d\beta$$
$$= e^{i\theta} \int e^{-\frac{i\theta\beta}{\alpha}} \mathcal{F}_\beta[f] d\beta = e^{i\theta} g_\theta。$$

また、

$$\|g_\theta\|^2 = \left\|\int e^{-\frac{i\theta\beta}{\alpha}} \mathcal{F}_\beta[f] d\beta\right\|^2 \leq \int \left\|e^{-\frac{i\theta\beta}{\alpha}} \mathcal{F}_\beta[f]\right\|^2 d\beta = \int \|\mathcal{F}_\beta[f]\|^2 d\beta = \int \|f\|^2 d\beta$$

となり、f は自乗可積分であることから、g_θ を定義する積分は存在する。

以上より、$e^{i\theta}$（$\theta \in \mathbb{R}$）は確かに固有値となり、その固有関数は g_θ である。　∎

ところが、この証明には数々の問題点と疑問点がある。

まず、前節までの同様の定理と異なり、固有値 $e^{i\theta}$ に対応する固有関数は必ず式 (4) の形で書けることは示せなかった。また、g_θ は恒等的に 0 ではない関数を含んでいることも示せなかった。これらの問題を扱うには $\mathcal{F}_\alpha$ の定義を陽に用いる必要があるため、本書の範囲を超えてしまう。

さらに、証明中で $\frac{\alpha}{2\pi}$ は無理数であるという条件を用いていないから、g_θ は有理数階の固有関数 g_k を含んでいる可能性もある。つまり、$\frac{\alpha}{2\pi}$ が有理数か無理数かで場合分けして固有関数を求めたが、場合分けする必要は特に無いかもしれない。

このような問題はあるにせよ、無理数階フーリエ変換の固有値は非可算個存在することは確かである。

5　終わりに

　本書では、フーリエ変換の固有値と固有関数を全て求めた。また、分数階フーリエ変換の固有値と固有関数についても考察し、固有値については全て求めることができた。特に、無理数回フーリエ変換は固有値が非可算個存在することが分かった。

　有限 n 次元の場合には、固有方程式は n 次方程式となるため、代数学の基本定理より重複を許せば固有値はちょうど n 個存在する。したがって、積分方程式の場合には固有値は非可算個存在する場合がありそうである。

　ところが、積分核 $K(x,y)$ の連続性と積分範囲の有界性を仮定すると、この予想は偽であり、固有値は高々可算個しか存在しない [5][6]。このことは、有限次元と無限次元ではかなり異なる振る舞いをすることを意味している。

　無理数回フーリエ変換の場合には積分範囲は非有界であるから、この定理は適用できず固有値を非可算個持つという結論である。ただし、非有界のときは必ず固有値を非可算個持つかというと、そんなことはない。例えば、通常のフーリエ変換の積分範囲も非有界だが、固有値は 4 つしかないことは定理 3 で示したとおりである。

謝辞

本書を作成するにあたり、Σ. X. 氏と G. G. 氏から有益なコメントを頂きました。ここに感謝の意を表します。

参考文献

[1] wikipedia、汎函数行列式
[2] フーリエ変換の固有関数、
    `http://d.hatena.ne.jp/nokiya/20111113/1321172828`
[3] フーリエ変換、`https://www.sci.hokudai.ac.jp/~inaz/lecture/butsurisuugaku2/html/model/node23.html`
[4] 超関数のフーリエ変換、
    `http://homepage2.nifty.com/eman/math/fourier07.html`
[5] 志賀浩二、「固有値問題 30 講」第 10 版、p.127、朝倉書店、2002
[6] リゾルベントとスペクトル、
    `http://www.math.nagoya-u.ac.jp/~noby/pdf/fana/10/fana10_6.pdf`
[7] wikipedia、Fractional Fourier transform
[8] 補足 - ワイルの均等分布定理、`http://members3.jcom.home.ne.jp/zakii/enumeration/69b_equidistribution.htm`

フーリエ変換の固有値と固有関数

2015 年 12 月 31 日 初版

著 者	蒼馬 竜 (そうま りゅう)
発行者	星野 香奈 (ほしの かな)
発行所	同人集合 暗黒通信団 (`http://www.mikaka.org/~kana/`)
	〒277-8691 千葉県柏局私書箱 54 号 D 係
頒 価	200 円 / ISBN978-4-87310-028-9 C0041

乱丁・落丁は在庫があればお取り替えします。

ⓒCopyright 2015 暗黒通信団   Printed in Japan